TESTAMENT
POLITIQUE
DE M. MESMER,

O U

LA PRÉCAUTION D'UN SAGE;

A V E C

LE DÉNOMBREMENT DES ADEPTES;

LE TOUT TRADUIT DE L'ALLEMAND,

Par un BOSTONIEN.

Honni soit qui mal y pense.

Prix 30 sous.

A LEIPSICK,

Et se trouve A PARIS,

Chez les Libraires qui vendent les Nouveautés.

M. D. CC. LXXXV.

TESTAMENT
POLITIQUE
DE M. MESMER.

Mon origine, celle de ma découverte, mon arrivée à Paris.

Rien n'eſt plus doux que le ſentiment qui nous porte à reconnoître le bien qu'on nous a fait.

Avant de m'acquitter de la reconnoiſſance que je dois à tant de perſonnes diverſes, je crois pouvoir me débarraſſer d'un fardeau que je ne ſaurois porter plus long-temps, & détromper, par une confeſſion générale, tous ceux que les faux rapports ont abuſés ſur mon compte.

Premiérement, mon nom eſt bien celui que

A

je me souviens d'avoir toujours porté, & désigne plus clairement mon origine, qu'un arbre généalogique qu'il n'a tenu qu'à moi de faire composer quand je vins à Paris en 1778. *Mesmer* est un substantif Allemand qui signifie *Bedeau* en François, d'où l'on voit que je ne suis point Gentilhomme, comme l'ont d'abord prétendu plusieurs femmes, mais que je sors de l'Eglise, où mes aïeux ont successivement & honorablement porté la baguette (1). N'ayant aucun goût pour les processions, je servis, en qualité de Volontaire, dans les Troupes Allemandes. Après le passage du Rhin, je fus remercié fort honnêtement, avec une infinité d'autres, & je me retirai volontairement.

Sans fortune, sans autre protection qu'une santé vigoureuse, ne sachant que faire, je revins à Vienne, distant de mon village de quelques lieues, & là je m'attachai au Baron Van-Swieten & à M. de Haën, aux bontés & à l'indulgence desquels je dus bientôt le bonnet de Docteur en Médecine, dont je me suis coiffé

_____

(1) S'il n'a pas eu de goût pour les processions, il paroît qu'il n'en est pas de même de la baguette, tant il est vrai que les premières impressions durent long-temps !

pendant quelque temps : mais ce bonnet (1),
en me communiquant la fcience, ne me donna
point le profit qu'il prodiguoit à ceux qui m'en
avoient affublé ; je leur rendis cet inutile ornement ; je ne gardai que le titre, afin de me
diftinguer de ces hommes vulgaires qui cou-
rent les rues & qu'on nomme *Monfieur* : je
penfai à d'autres moyens de faire fortune. Le
hafard me feconda merveilleufement ; je trouvai dans un vieux livre (2) ce que je n'y

---

(1) Le bonnet ne pourroit-il pas être la marque dif-
tinctive des talens ? Le velours, la foie, le coton & la
laine indiqueroient les différens degrés de perfection :
cette divifion feroit même fufceptible de quelques modi-
fications qui font l'objet d'une pièce qui doit paroître
inceffament aux Variétés. On y verra que les deux
battans s'ouvrent au bonnet de velours, le bonnet de
foie obtient moins de confidération, le bonnet de coton
ne peut paroître que vis-à-vis d'un Secrétaire ou d'un
Valet de chambre, enfin le bonnet de laine parle à peine
au Portier, &c. Que de gens on verroit en bonnet de
laine !

(1) *De Medicinâ fpirituum, Auctore Sebaft. Virdig.*
Hamburgi, &c. En françois, de la Médecine d'imagi-
nation, par Sébaftien Virdig. A Hambourg, &c.

On peut voir auffi là-deffus les Effais de Montaigne,
page 70 ; & fi l'on ne rit pas, c'est figne que l'on eft
bien malade.

cherchois pas (*le Magnétifme*). Je ne m'en vantai point; & après avoir vérifié fur moi-même quelques-unes des propriétés de l'aimant, je m'en fervis dans toutes les occafions fans jamais manquer; & comme je n'avois ni livres ni drogues à vendre, je déclamai contre les Auteurs & les Apothicaires; mais je fis un peu trop de bruit, & l'on me chaffa, malgré d'affez belles cures, au nombre defquelles on compte plufieurs Aveugles que j'ai guéris de la vue : notez que mon fecret feul m'avoit fait faire un bon mariage que je me vis obligé d'abandonner pour me fauver à Paris, où je trouvai heureufement un Banquier Allemand que j'avois vu à Strafbourg : il me confola de l'abfence de mon époufe par le récit des fredaines de la fienne, & me fit enfuite faire connoiffance avec un Avocat qui me parut malade (1). Je leur contai mon aventure; le Banquier, comme Allemand, n'en fut point étonné, mais l'Avocat en fut indigné, comme l'eft un François de tout ce qui choque la politeffe : ils me raffurerent tous deux ; le Banquier promit de m'aider de fa bourfe, & l'Avocat de fon efprit : ils me tinrent parole.

─────────────────────

(1) Il l'étoit en effet, l'eft encore, & le fera long-temps, comme on le verra ci-après,

Comme je me suis établi sur les Boulevarts dans une petite maison.

LE Banquier, persuadé qu'on peut être chassé d'une grande ville sans l'avoir mérité, ne m'en estima pas moins ; & d'après l'avis de son Avocat, il loua, sur les Boulevarts, une petite maison où je dressai mes batteries : je fis quelques expériences qui étonnerent tous ceux qui en furent témoins ; le bruit s'en répandit dans la ville, & l'on vint de toutes parts avec une telle affluence, que la maison se trouva trop étroite. J'augurai bien de l'empressement des Parisiens, & pour les entretenir dans les dispositions favorables où la nouveauté les met toujours, je leur promis de leur vendre mon secret. Cette promesse eut l'effet que j'en attendois, & chaque jour l'espoir m'amenoit de nouveaux prosélites. A l'exemple du Banquier, je ne faisois rien sans consulter l'Avocat ; mais bientôt l'Avocat fit tout sans moi.

Je passe rapidement sur tout ce qui vint contrecarrer mes succès, sur mon voyage &

A 3

mon féjour aux eaux de Spa (1); on peut en voir la relation fidele & détaillée dans le grand Mémoire en 150 pages de papier telliere, petit format, dont l'Avocat voulut bien m'avancer la façon, fous la caution du Banquier.

Comme je revins de Spa m'établir à l'Hôtel Coigny, rue Coq-Héron.

LE Banquier & l'Avocat ne furent pas les feuls qui prirent mes intérêts en main pendant que j'étois allé gémir à Spa fur les procédés de M. Deflon. M. le Comte de Puyfégur joignit fon crédit à l'efprit de l'un, à l'argent de l'autre; &, grace à ce triple nerf de ma profpérité, mon retour fut d'autant plus fatisfaifant, que je n'eus qu'un mot à dire à mon arrivée pour combler les vœux de près de cinquante Afpirans, parmi lefquels les plus aifés dépoferent cent louis dans les mains du

---

(1) C'eft pendant cette efpèce d'exil que fe faifoient à Paris les premiers écrits que Mefmer a reconnus en arrivant, comme un mari, abfent depuis plufieurs années, embraffe des enfans chéris qu'il n'a jamais vus.

Banquier, qui ne concevoit pas plus que moi, quoique *dépositaire*, comment des gens qui querellent un valet fidele pour un écu, se faisoient un plaisir de donner 2400 liv. tout en or, pour avoir l'honneur d'être mes premiers Eleves (1); il est vrai que le nombre de ceux qui n'ont pas marchandé est petit, parce qu'aujourd'hui les gens du premier rang ont une idée de commerce, & ne rougissent plus de savoir additionner : mais ce qui m'a le moins étonné, c'est le zèle & le désintéressement de quelques Gentilshommes qui ont engagé leurs amis à payer un droit dont, comme Instituteurs, eux-mêmes étoient exempts ; j'ai admiré avec quelle sagesse ceux qui ne pouvoient produire un Aspirant de cent louis, en présentoient quatre de vint-cinq ; ce qui revient au même. Mais ce qui déroutera les spéculateurs sur mes bénéfices, sera sans doute d'apprendre qu'il a été admis plus de Candidats au-dessous qu'au-dessus de trente louis, y compris les non valeurs & les billets qui ne seront jamais payés. Je n'avois qu'une voix pour approuver ; car le moindre signe de mé-

_____

(1) Premier effet du Magnétisme, incompréhensible à son Rénovateur.

contentement eût à coup sûr déplu au Caiffier & aux Inspecteurs de la caisse : ce Caiffier méritoit d'autant plus mes égards, que pendant un certain temps les états de recette
qu'il me présenta sur des cartes à jouer, ne
m'offroient que des retenues faites par ses
mains de sommes par lui avancées, & dont
il étoit équitable & juste qu'il se remplît, de
préférence à tout autre ; ce Caissier avoit poussé
le dévouement jusqu'à dégarnir sa maison de
la rue *Carême-prenant* de ses plus beaux meu-
bles, pour décorer celle qu'il me loue encore
aujourd'hui 12,000 l. ; & dans laquelle je n'occupe qu'un très-petit coin, afin de laisser plus
d'espace aux salles de représentation : ce
Caissier enfin m'a remis, le premier Mai 1784
à huit heures du matin, un bordereau dont
le résultat établit clairement ma situation : il
appert de ce résultat, que, les avances déduites,
tous mes faux frais payés, y compris les gra-
tifications par lui accordées aux Auteurs qui
ont broché, à mes dépens, de mauvaises plaisanteries que je n'ai pas lues (1), il s'en faut

_____

(1) Ces plaisanteries consistent en un *Dialogue* entre
deux Médecins, un *Décret* de la Faculté, *La Confession*
d'un Médecin, une *Prophétie* qu'on a fait distribuer par

de plus de 50,000 l. que j'aye de reſte ce que les envieux font accroire au Public.

Mon deſſein n'eſt point de paſſer pour un homme pauvre, en démontrant que je ne ſuis pas auſſi riche qu'on m'accuſe de l'être : je me contenterai ſeulement de me dire à moi-même, que ſi j'avois (ſeul) ce que nous avons partagé entre quatre, je ſerois trois fois plus à l'aiſe ; je pourrois me retirer dans ma famille, & aller rire avec elle, en quelque lieu bien éloigné, aux dépens de ceux à qui j'ai vendu un ſecret que le dernier manant poſſede, ainſi que l'a fort bien dit Figaro dans ſa Lettre au Comte Almaviva, dont je n'ai lu que l'Epigraphe qui m'a frappé; mais je ſuis loin encore de pouvoir exécuter mes projets de retraite; & comme il pourroit ſe faire que la mort, qui ne ménage pas plus le Magné-tiſme que tout le reſte, ne me laiſsât pas le temps de mettre ordre à mes affaires, je crois qu'il eſt de la prudence de profiter des avis qu'elle m'a donnés par l'enlevement ſubit de pluſieurs de mes Eleves à qui j'avois promis

---

des Savoyards Magnétiques dans tous les cafés, & qui ſervent de couverture aux Petites Affiches.

un fort plus agréable. Comme de tels avis ne
font pas à négliger, & qu'autant m'en pend
à l'oreille, je dépofe ici mes dernieres inten-
tions, perfuadé que c'eft le vrai moyen d'être
en paix avec moi-même, & de couper court
à tous les propos qu'un décès *im-promptu* oc-
cafionneroit fans doute de la part de ceux
qui parlent tant de ce qu'ils ne favent point.

Confidérant, pendant que j'en ai tout le
loifir, que je n'ai rien à compter, & que mes
baquets fe deffechent, faute de malades qui
les arrofent; confidérant, dis-je, l'inftabilité
des chofes (fur-tout à Paris), je legue à
M. Cornemane (1), à qui appartient la mai-
fon où je peux décéder, les embelliffemens
qu'il y a fait faire à mes frais, y compris le
parterre qu'il a fait planter, &c. Quelle que foit
ma reconnoiffance, je le préviens qu'elle n'eft
pas éternelle, qu'après ma mort je ne payerai
plus le loyer des carroffes de remife dans lefquels il fe promene pour mon compte, & que
les Cochers qu'il magnétifera par la fuite ne
feront plus enterrés à ma requête: je lui donne

_____

(1) Tréforier de l'Ordre de l'Harmonie. On lui donna
cette charge avant qu'il y eût un fou en caiffe.

& laiſſe en outre tous les regiſtres, comptes, états, mémoires, cartons, imprimés en blanc, bougies & autres fournitures de bureau, qui ſe trouveront, lors de mon décès, dans les armoires de la grande ſalle baſſe, qui lui appartiennent, ainſi que les tables, les tapis, & les ſiéges; il emportera tout & en fera ce que bon lui ſemblera; je reconnois en tant que beſoin eſt ou ſera, qu'il m'a rendu fidele compte de ſa recette & de ſa dépenſe, & qu'il ne me doit rien, comme il reconnoîtra ſans doute que je ſuis quitte envers lui, ſes hoirs & ayans cauſe, tant de ſon côté que du côté de Madame ſon épouſe, qui eſt au Couvent pour une bagatelle d'enfans, grace à la plume de l'Avocat.

Et ſi mondit ſieur Cornemane ſe ſouvient encore long-temps qu'il fut mon cher ami, je l'invite à donner tous les ans au 5 Avril, dans la grotte de ſon jardin, une fête en mémoire de celle que nous avons célébrée à pareille époque en 1784. Au lieu des couplets que nous y chantâmes, inſpirés par le vin de Rouſſillon, (ce qui retarda beaucoup la leçon, où les Profeſſeurs & les Eleves diſputèrent ſur la ſobriété qu'exige le Magnétiſme, jour fatal à M. Bertholet !) on y répétera ceux-ci que j'ai

trouvés dans le porte-feuille d'une femme de
bon fens (1).

COUPLETS

AIR : *Auffi-tôt que la lumiere*, *&c.*

LE plaifir eft mon idole ;
En dépit des envieux,
Amis, c'eft à votre école
Qu'on m'a fait ouvrir les yeux.
Il faut que je le confeffe
(Oui, je le fais de bon cœur) ;
Je vous dois la douce ivreffe,
Qui conduit droit au bonheur.

Je dis fi de la morale
Qui m'abufa fi long-temps ;
Je le cede à fa rivale,
La Phyfique a mon encens :
La Nature a mon hommage,
Quelquefois, avant le jour,
Elle fourit à l'ouvrage
Fini par le tendre Amour.

(1) On préfume que ce peut être Madame Martine.

Mais je sens couler des larmes,
Mon cœur est saisi d'effroi :
Chers amis, de mes alarmes
Vous devinez le pourquoi ;
Souvenir doux & terrible
Qui me trouble en cet instant,
Cela n'est-il pas risible ?
Je pleure comme un enfant.

Ma douleur est si profonde,
Qu'il faut, avant commencer,
Boire deux fois à la ronde
Du vin que l'on va verser :
Que l'on m'ouvre cette croûte,
Qu'on mange avec appétit,
Et qu'ensuite l'on m'écoute,
Je vais faire de l'esprit.

Vous vous rappelez la fête
Qu'on nous donna dans ces lieux,
D'une façon fort honnête,
Mais par un temps pluvieux.
Le voilà le camarade (1)
Qui nous a fait ce plaisir,
Versez-nous une rasade,
Qu'il en boive à son désir.

_____

(1) Le Trésorier.

Or le jour que je rappelle
Doit nous être à tous bien cher,
Puifqu'enfin il renouvelle
Le fouvenir de Mefmer:
Au nom feul de ce grand Homme,
Certaine agitation
Me tourmente quafi comme
Un brin de convulfion.

✾

Ce ne fera rien peut-être;
Mais fi je me trouve mal,
Vous ouvrirez la fenêtre
Au Magnétifme animal;
Du doigt & de la baguette,
Vous me ferez revenir :
Si la crife eft imparfaite,
Je pourrai bien en mourir.

✾

Rendons tous grace à l'étoile
Qui conduifit à Paris
Celui qui leva la toile
Qui cachoit tous nos efprits:
Rendons grace à la Fortune
Qui l'a bien récompenfé,
Et convenons que la Lune
Ne l'a pas mal avancé,

Si jamais quelque incrédule
Avoit l'imbécillité
De vouloir, ferrant la mule,
Nier cette vérité ;
Que chacun de vous s'empresse
A griffonner du papier,
Et qu'au sortir de la presse
On l'aille vendre au Beurrier.

C'est un sort digne d'envie
Que celui d'un Ecrivain ;
Quelques-uns passent leur vie
A mourir gaiment de faim :
Ou tandis que le Critique
Vit philosophiquement,
L'ouvrage en quelque boutique
Est nourri fort grassement.

Si quelque honnête Libraire
Instruisoit ce pauvre Auteur,
Il pourroit un peu mieux faire
Avec un tel Précepteur :
En suivant de près ses traces,
Il verroit qu'il peut gagner
Ce qu'un Livre plein de graces
Ne sauroit lui procurer.

Terminons cette féance ;
Amis, par un grand foupir ;
Car chacun de vous, je penfe ;
Voudroit m'entendre finir :
Eh bien donc, ici j'arrête ;
Mais je conferve l'efpoir ,
L'an prochain , à cette fête ,
De vous dire à tous bon foir.

Je donne & legue à M. Bergaffe , indépen-
damment du prix qu'il lui plaira mettre à tout
ce qu'il a écrit pour moi depuis plufieurs années , deux rames de grand papier à mémoire , trois cents de plumes , & quatre bouteilles d'encre : il en fera plus avec tout cela
que je n'en ai fait avec mes quatre baquets
& tous mes Ouvriers. Pour récompenfer l'a-
mour-propre qui l'a porté à faire imprimer les
Confidérations que l'on m'a dit être férieufe-
ment écrites (1) , je lui laiffe une boîte de
pillules favonneufes , dont je l'invite à faire
ufage pour fes obftructions, que le Magnétifme
feul ne parviendroit jamais à guérir.

---

(1) La comparaifon du pont eft-elle jufte , & ne
pourroit-elle pas être l'objet de quelques nouvelles confidérations? Voyez les Petites Affiches du 24 Janvier.

Je

Je reconnois que tout ce qui a paru, tant dans les Journaux que dans les feuilles volantes, relativement à la mauvaise foi du sieur Deflon, est l'ouvrage de mondit sieur Bergaffe, & que je n'y ai eu aucune part, non plus qu'au grand Mémoire en 150 pages, qu'il a fait tout entier, pour prouver que mondit sieur Deflon me doit cinquante mille écus : si, contre toute attente, il est condamné au payement de cette fomme après ma mort, je la donne à l'Ecrivain qui fera le meilleur Ouvrage fur les obligations réciproques & fur l'honneur.

Je reconnois que mondit sieur Bergaffe a payé cent louis pour être admis au nombre de mes Elèves, que c'est lui qui a digéré mes préceptes & les a dictés dans l'Ecole, où il a été Professeur à ma place tant qu'il y a eu des Ecoliers, & que toutes les fois que j'ai assisté à ses leçons, j'ai été fort content de lui, malgré le ton de Maître que certains Elèves lui ont reproché.

Je reconnois encore devoir à mondit sieur Bergaffe environ trente mille francs, & ne lui avoir encore payé aucun à compte fur tout ce qu'il a fait pour moi. Ceci, toutefois, n'est qu'en cas d'accident imprévu, & l'article

B

sera nul, si l'on trouve sa quittance lors de l'ouverture de ce Testament.

Je donne & legue à M. le Comte de Puyfégur, Auteur du Recueil des certificats de Bayonne, deux cents aunes de toile magnétisée, pour faire des guêtres à tous les Soldats de son Régiment qui ont signé ces certificats ; & pour lui témoigner le plaisir que m'a fait la guérison du petit chien de Bayonne (1), je lui fais présent de mes deux grands Danois de parade, dont je lui recommande d'avoir soin.

Je reconnois que mondit sieur le Comte de Puyfégur est celui de mes Elèves qui a le plus contribué à la propagation de ce qu'il appelle ma doctrine, qu'il l'a même enseignée par intérim quelquefois (pendant que le Professeur travailloit au contentieux), & que cest lui

_____

(1) Voyez le détail de ce qui s'est passé au traitement de Bayonne, page 4. C'est bien le Magnétisme animal ! Heureusement pour Lyonnet sa fortune est faite. On dit qu'il procédoit à peu près comme les Magnétiseurs, en faisant jeûner ses Malades, & en les fatiguant après : mais il se servoit d'un fouet au lieu d'une baguette pour leur donner des crises ; aussi jouit-il d'une réputation de chiens.

qui a congédié M. Bertholet, pour cause, d'ironie & d'incrédulité.

Je reconnois encore que, pour mieux fortifier la croyance, cet Elève zélé a couché pendant près d'un mois sur le baquet des Dames de qualité, & que plusieurs autres preuves d'attachement à mes intérêts m'ont inspiré en lui tant de confiance, que je n'ai refusé aucun de ceux qu'il m'a présentés, & ne l'ai contredit en rien dans tout ce qu'il a fait pour le bien du service.

Je donne & legue à M. le Bailli des Barres un pot de populeum magnétisé, pour l'entretien de ses hémorrhoïdes, qu'il doit bien se garder de penser à jamais supprimer, quelle qu'en soit l'incommodité quand on est long-temps à table.

J'en legue autant à M. le Chevalier des Barres, en cas que la maladie soit héréditaire.

Je ne legue rien aux Elèves ci-après dénommés, parce qu'ils sont plus riches que moi, & qu'ils ne m'ont pas rendu de grands services dans le monde,

S A V O I R ;

MM. le Comte d'Avaux, le Baron de Wreick

de S. Martin, le Comte de Crillon, le Vicomte de Tavannes, le Comte de Ruilli, de Montréal, le Vicomte de Roquefeuille, le Comte de Poulpry, le Bailly de Cruffol, le Comte de Ségur, le Marquis de Jaucourt, le Comte de Choifeul - Gouffier de l'Académie Françoife, le Baron de Chanwitz, le Baron de Taillairand, M. de Meziere, M. de Cramayel, M. Defaiffeval, le Marquis de la Fayette, le Duc de Lauzun, le Duc de Coigny, le Capitaine Téluffon, le Baron de Corberon, le Baron de Staal Suédois, & Signor Delphino noble Vénitien.

Tous ces Meffieurs-là pouvoient vivre fans le Magnétifme, & c'eft affez faire l'éloge de leur générofité ; on peut dire d'eux qu'ils font venus, qu'on les a vus, qu'ils ont payé & fe font retirés : la queftion eft de favoir s'ils ont été tous fatisfaits ; je n'en fais rien ; tout ce que je fais, c'eft que le Caiffier a été content d'eux.

Je legue à M. le Comte de Chaftenet, qui, à la follicitation de M. fon frere, a bien voulu fe charger de porter mon fecret aux Indiens, tout le profit qu'il en pourra retirer, fans jamais lui en demander aucun compte après ma mort.

Quoique M. le Marquis de Puyfégur ne m'ait pas été auffi utile qu'il auroit pu l'être, je lui laiffe, par une fuite de mon attachement, tous les petits ouvrages que M. le Comte fon frere a fait faire chez moi par fon Deffinateur, dont j'ai payé les journées, les crayons, & les couleurs ; fans quoi je ne me croirois pas en droit d'en difpofer : par ce moyen, je penfe que je fuis parfaitement quitte envers ces Meffieurs.

Je fuis trop mécontent du Comte Pilos-Olivadès, Intendant d'Andaloufie, pour le reconnoître en rien dans le préfent acte ; il auroit mieux fait de garder fon Figaro (1) pour faigner fes chevaux, que de le laiffer venir à Paris après lui avoir découvert ma nudité, parce que cet intrigant vagabond

---

(1) Le Teftament ne parle que de Figaro le cadet ; mais Figaro l'aîné, oh ! c'eft bien un autre homme !

D'un coup de plume il fait venir à fa porte toutes les meres nourrices de Paris ; d'un coup de plume il empâte un régiment de marmots de lait maternel ; mais fans plume, ce régiment fe trouve fevré, & les meres, retombées dans la mifere, vont chez l'homme aux dix écus, qui leur partage le produit de fa petite brochure, fans en faire mention dans le Journal. Figaro l'aîné reffemble au Teftateur, il fait tout avec *rien*.

B 3

n'auroit peut-être pas fait ici un mariage auffi avantageux, & n'auroit point amufé fon Maître & fes Convives du récit de mes avantures, en leur démontrant au doigt & à l'œil que mon fyftême n'eft qu'un tour de Berger.

Quant à M. de Chatelux, & M. de Montefquiou, qui eft actuellement de l'Académie Françoife, mon eftime & ma reconnoiffance leur font également départies, & je croirois y manquer, fi je n'en dépofois ici l'affurance.

Je remercie MM. de Goui & de Tiffard, des Soldats aux Gardes qu'ils m'ont procurés (en payant) pour la police de ma cour, en place des Gardes Suiffes, qui étoient trop chers,

Je reconnois que les Ducs, Marquis, Comtes, Chevaliers, Gentilshommes & autres jufqu'ici dénommés, font du nombre de mes Elèves, dont j'ai la lifte (1) fous les yeux, fans quoi je ne pourrois le certifier, ne les ayant pas tous inftruits moi-même, parce que je me réferve pour les Curés, Marguilliers, & Barbiers de village, qui, tout bien confidéré,

---

(1) Cette lifte, en petits cahiers *in*-12, a été diftribuée par les Elèves aux frais de la Société,

me paroiffent les feuls fufceptibles de la croyance dont j'ai befoin, & propres à recevoir une éducation nouvelle, quelque âgés qu'ils puiffent être (1).

Comme je crois qu'après la Nobleffe doivent marcher les hommes utiles, je place ici les Chirurgiens que l'on compte au nombre de mes Elèves : je n'ai point lu leurs brevets, parce que je ne lis plus ; mais le Commis chargé d'examiner les titres des Afpirans & leurs certificats de vie & mœurs, eft fûr comme l'or qu'il reçoit ; jamais je ne compte après lui, parce qu'il compte avant moi.

_____

(1) On auroit parié que cela devoit finir ainfi.

Que vont penfer, que vont dire tous ceux qui fe font gênés pour mettre Mefmer à fon aife ? Que n'étois-je Curé, dira l'un ! Que ne fuis-je Marguillier, dira l'autre ! Combien de Médecins voudroient être Barbiers de village !

Eh ! Meffieurs ! Souvenez-vous que, de temps immémorial, les paquets que des hommes, non moins célebres, vendoient dans les rues, en équipages, 6 l. & 3 l., étoient à 6 f. lorfqu'ils partoient, & que le bien de l'humanité étoit toujours la devife peinte fur leur pencarte, avec approbation & privilége.

Quoique celui-ci n'ait ni l'un ni l'autre, c'eft égal, à votre tour, Meffieurs les Curés, Marguilliers, Barbiers, &c., & la canaille derriere.

Je legue à M. Larribaud, qui eft le premier Chirurgien Accoucheur qu'on ait vu quitter le grand chemin pour venir avec nous, tous les fouliers, bons & mauvais, qui fe trouveront dans ma garde-robe au jour de mon décès; je ne peux rien lui laiffer de plus utile, fi, comme je le préfume, il doit encore aller à pied long-temps ; je lui donne en outre toutes les copies manufcrites des rapports d'accouchemens naturels par lui faits avec un plein fuccès au moyen du Magnétifme animal: je me crois d'autant plus fondé à lui faire ce cadeau, que j'ai payé toutes ces copies fort cher, & que ce qu'il en refte dans mes cartons ne m'eft pas plus utile, que celles dont mondit fieur Larribaud a fait la diftribution gratuite à la place Maubert, pour fa plus grande gloire.

Si ce Chirurgien m'eût confulté, comme toutes les perfonnes qui ont eu, pendant quelque temps confiance en moi, je l'aurois engagé à ne pas quitter la place Maubert, où la dépravation n'a pas fait encore tant de progrès, malgré le tumulte, que dans le quartier brillant & civilifé où il eft venu fe loger, contre toutes les regles de proportion.

Je legue à MM. Brilhouet & Ququel, Chi-

rurgiens de grandes Maiſons, où ils ont tout
le loiſir de s'inſtruire, chacun un exemplaire
de l'Analyſe raiſonnée que M. Bonnefoi, Chirurgien de Lyon, a fait faire chez moi, Ouvrage dont j'ai payé l'impreſſion à M. Prault;
& attendu qu'il m'en reſte encore beaucoup,
ſans compter les exemplaires non vendus
exiſtans chez le Libraire, j'en laiſſe & donne à
mondit ſieur Bonnefoi, pour m'avoir prêté ſon
nom, cent exemplaires, dont il pourra diſpo-
ſer à ſon profit; j'en laiſſe chacun demi - dou-
zaine à ſes Collegues, MM. Grandchamp,
Orelut & Feſſoles, tous autant Chirurgiens
l'un que l'autre, réſidans à Lyon actuellement,
& de la Société du Baquet.

Si M. d'Eſtremeau n'étoit pas mort, malgré
ſon récépiſſé, au moment où je m'y attendois
le moins, je lui aurois fait cadeau d'une pierre
d'aimant diaphane, taillée pour une bague :
cette pierre ſera donnée à M. Billard, Démonſ-
trateur à Breſt, que j'aime beaucoup, quoiqu'il ait dit au Chirurgien Major de l'Hôpital
du Sénégal que mon ſecret ne vaut pas cent
louis; je lui pardonne, parce que je ſuis ami
de la vérité.

Je ne legue rien à M. Ters, Chirurgien de
Nogent - ſur - Seine, parce qu'après avoir

guéri le nommé Thevenin (1) d'une leuco-
phlegmatie complette dont il ne pouvoit pas
revenir, il a eu la foiblesse de lui laisser déli-
vrer, par le Curé de sa paroisse, un certificat
pour l'autre monde, où l'on s'est mocqué de
lui & de moi, comme on fait ici ; ledit sieur
Ters peut prévenir ledit Curé, que, quel que
soit son repentir d'avoir expédié ledit Thevenin
guéri, il ne fera point admis au nombre de
ceux à qui je fais apprendre à distinguer leur
main droite de leur main gauche.

Après le Chirurgien doit marcher le Médecin, quoi qu'en dise le préjugé, parce que le
Médecin ne doit être qu'un vieux Chirurgien
qui guide & surveille le jeune : je crois pouvoir avancer, en passant, que, si j'étois le
maître, le titre de Médecin ne seroit accordé
qu'à celui à qui l'âge ne permettroit plus l'o-
pération de la main, & l'on ne verroit pas
tant de jeunes têtes sous le bonnet doctoral,

---

(1) Voyez le Journal de Paris, fin de Décembre 1784,
& jugez si le Curé de Nogent & Thevenin ne sont pas
répréhensibles d'avoir donné un démenti formel aux
honnêtes gens qui avoient certifié sa guérison.

En vérité, je vous le dis, tout cela me confond ;
mais voyez encore les Petites Affiches du 24 Janvier. . . .

qui ne devroit point se vendre, mais se donner avec distinction au sage Praticien dont la tête chauve atteste l'expérience.

Je legue à Mons Delamotte, mon Fermier actuel, la propriété de trois baquets avec tous leurs agrès, dont il n'a maintenant que le bail, à la charge par lui de faire à Antoine, mon Valet de chambre & son confrere en Magnétisme, mille écus de rente, sa vie durant; à défaut de quoi ledit Antoine est, par le présent article, autorisé à l'y faire contraindre par toutes voies dures & déraisonnables, en sa qualité d'Allemand, qui l'exempte de politesse, & même par corps, c'est-à-dire magnétiquement. Pour reconnoître, autant qu'il est en moi, les services que mondit sieur Delamotte m'a rendus en sa qualité d'Orateur de la Loge, par un silence éloquent & soutenu; je lui laisse deux caisses, l'une d'oranges & l'autre de citrons, avec vingt livres de poudre très-fine purgée à l'esprit de vin, dix livres de pommade au jasmin, & dix livres de pâte d'amandes (du sieur Adancourt, Parfumeur au bas du Pont S. Michel), pour l'entretien de ses beaux cheveux blonds & de sa peau, dont il a tant de soin; on joindra à cela tous mes bas de soie blancs & mes manchettes à dentelles, dont aucun de mes Eleves, foi difant Médecin, ne fauroit mieux tirer parti. Pour éviter toute conteftation ultérieure, je préviens Mons Delamotte, qu'à compter du jour de mon décès, je n'entrerai pour rien dans les frais des petits foupers auxquels je ne pourrai plus affifter.

Pour dédommager M. Bouvier, Médecin de Befançon, du peu de fuccès qu'a eu l'établiffement de fon baquet à Verfailles, où l'on voit trop clair, j'engage le Prieur de Fontenet, fon oncle, l'un de mes Eleves, auffi zelé que malade conftant, à lui continuer fes bontés monaftiques.

Je legue à M. Firmin d'Hervillé, Médecin à Amiens & Académicien de Picardie, tous les exemplaires qui me reftent, tant de fes longues lettres & complaintes, que des imprimés concernant la demoifelle de Berlancourt de Beauvais, & j'engage ledit d'Hervillé à fe réconcilier avec le Profeffeur de Phyfique du Collége d'Amiens, afin que celui-ci ne faffe plus de confidence au Journal de Paris, qui eft un indifcret.

Je legue à M. Pradelle, Médecin de Montpellier & de Bordeaux, fucceffeur émérite du Pere Hervier en cette derniere ville, la jouifſance, ſans retenue, du produit annuel de la Chair Magnétique en Guienne, de laquelle il n'eſt encore que locataire amphibologique.

Je ne legue rien à M. Rouſſel, Auteur connu du ſyſtême de la femme, parce qu'il m'a renié trois fois quand la poule a chanté.

Je legue à M. Bertholet, quoiqu'il ait déſerté, l'excellent Sermon du Pere Griffet ſur le pardon des injures.

Je legue à MM. Brunet, Sabatier, au Docteur Irlandois dont le nom commence en O, & à MM. Conteſſon, Foujol & Delaporte, chacun un exemplaire de la Comédie des Docteurs Modernes, qu'on m'a dit n'être pas mauvaiſe; ils la joueront en ſociété, quand ils pourront ſe raſſembler.

Je legue à M. Amic, mon premier Eleve & mon ami, ſi j'en ai, pour le dédommager des maux qu'il a eſſuyés à l'île de Malthe, le baquet tout garni dans lequel il eſt revenu à Marſeille, & je lui en abandonne à perpétuité la jouiſſance.

Je legue à la Société qui s'eſt formée en Suiſſe, une rame de papier à lettres, pour féconder ſa correſpondance.

Je reconnois que MM. Mes Duval de Pré-

mefnil (1) , Ducharnoi, & Duport (2) , Confeil-
lers au Parlement de Paris , & M. l'Abbé de
Pouloufat , Confeiller au Parlement de Bordeaux , font infcrits fur la lifte de mes Eleves,
& je les charge, en cas d'événement inattendu ,
du rapport de mon affaire avec le fieur Deflon ,
qu'on affure me devoir cinquante mille écus ,
dont j'ai ci-devant affigné l'emploi , fi jamais
il peut les payer en argent.

Je certifie que je trouve encore fur le cata-
logue de mes Eleves les perfonnes ci-après dé-
nommées, que la mémoire ne me rappelle pas
d'avoir vues, MM. Berthier, Guillot, Dubois,
de Borville , Lefort de Luffac & de Chambrun ;
je ne décline point leurs qualités , parce que
le dernier de ces Meffieurs a nié formellement
qu'il eût jamais été Confeiller du Port-au-
Prince, quoiqu'on ne lui connût aucune autre
dénomination ; c'eft ce qui m'a engagé à donner
ordre aux Examinateurs des Récipiendaires de

_____

(1) Auteur des notes du Recueil des Certificats de
Bayonne.

(2) Auteur de la défenfe d'entrer dans la falle des
crifes , appliquée en gros caractères fur la porte de
cette falle le 24 Avril. Voyez Mefmer juftifié , page 11.

ne plus faire attention qu'au titre de l'argent,
fans faire parade, fur des liftes circulaires, d'une
kyriele de diftinctions, defquelles la plupart
ne jouiffent que vingt-quatre heures; ce qui
jette dans les archives une confufion dont le
nom pur & fimple n'a pas l'inconvénient dé-
fagréable. Je reconnois encore qu'à la fuite
des fufnommés, font placés, par ordre de ré-
ception, MM. Laval, Guillemin, Audou,
Serilly, de Bourgade (mort, quoique dans les
vivres jufqu'au cou), Micaut, de Montigny,
Bachelier, d'Arboulin (Adminiftrateur des Pof-
tes, qui ne m'a jamais contre-figné un paquet),
de Beaumont, & Beranger Fermier général;
je qualifie ce dernier pour caufe de roture; &
malgré les remontrances qu'il ma faites au
nom de fa Compagnie, j'infifte & je perfifte à
profcrire l'ufage du fel gris, du tabac fimple &
compofé, du vin & des liqueurs fortes, parce
que, pour fe bien porter il ne faut *rien*, & que
moi-même je ne confomme de toutes ces chofes que quand on m'en donne. On juge, d'a-
près cela, que les Auteurs & les Apothicaires ne
font pas les feuls ennemis (1) que je laiffe

(.1) Il emporte en revanche les bénédictions de tous
ceux qui achetent le papier imprimé à la livre.

après moi : mais quand il s'agit d'un grand bien , & fur-tout de fon propre bien, on ne doit épargner perfonne.

Parmi ceux qui m'ont bien payé , & qui font plus de befogne que de bruit, je diftingue MM. Butteau , Seygretier , MM. Caradeuc (freres) & Gourand , tous cinq Américains retirés en France, & jouiffant d'une fortune eftimable ; je conviens , comme l'ont publié les autres , que j'ai été trop bon envers certains.

Sur le verfo on lit : MM. Lanab , Perrault, Poujol, & Louis Bergaffe (*ad honores*), ainfi que ceux qui fuivent; le Pere Hervier (1), les Peres Gérard & Pelerin (de la Charité) , Dom le Gentil , Prieur de Fontenet, & M. l'Abbé Petiol , Auteur primitif des Rêveries fur le Magnétifme , Ouvrage corrigé & noté par l'Auteur des Confidérations, qui a paffé le poliffoir fur tout ce qui a été imprimé pour mon compte.

---

(1) Juftement célebre & non moins eftimable que le Teftateur , quoique chaffé de Bordeaux. Les grands Hommes fe reffemblent toujours en quelque point.

Je

Je legue donc à MM. Perrault, Louis Bergaffe, Poujol & Lanab, tout ce qui fe trouvera dans le dépôt des archives , duquel ce
dernier a la clef; ils en formeront, s'ils peu-
vent, un corps d'Ouvrage dont je leur abandonne le bénéfice, à condition qu'ils le feront
imprimer à l'Immortalité, comme tout le refte,
mais à leurs frais.

Je legue au Pere Hervier une baignoire dont
il doit avoir befoin pour fe préparer à faire
l'Ouvrage qu'il a déjà propofé à l'un des Libraires
de fon voifinage, & qui, comme de raifon,
ne veut l'acheter que quand il fera fini; ce
chef-d'œuvre doit (à ce que promet le Pere)
contenir des détails finguliers fur le Magnétifme & les Magnétifeurs; enfin il s'eft engagé
à publier tout à la fois, *la grandeur & la dé-
cadence de l'Ordre de l'Harmonie*, dont il eft
Membre encore vivant, & à ne pas s'épargner
lui même. Le Livre fera curieux, s'il y raconte,
fans déguifement, fon arrivée, fon heureux féjour, & fon départ fubit de Bordeaux. S'il fuit
les confeils que je lui ai toujours donnés, il
ne s'écartera plus du chemin de la vérité,
pour fe noyer dans un déluge d'éloquence
inutile & ridicule, qui a échauffé la bile du

C

plus fimple de fes Confreres (1), à qui il en a coûté une crife littéraire, dont il a penfé mourir.

J'aurois voulu que ceux qui croient être mes Eleves, & qui ne trouveront pas ici leur nom, m'en difent franchement la raifon; mais il fera trop tard, & quand je ferai mort tout le monde fera au niveau.

Je legue à mon fidele Antoine, pour fes bons & loyaux fervices, tous mes bijoux, fans en excepter aucun; & afin qu'il puiffe me remplacer un jour dignement, je lui laiffe ma voiture & les chevaux que j'ai achetés depuis peu : s'il veut garder mon Cocher & mon Laquais, je lui recommande de les traiter (à mon exemple) comme fes égaux, & de devenir plus affable à mefure qu'il s'enrichira; c'eft le vrai moyen de faire oublier qu'il a été Valet. Qu'il ne fe laiffe jamais éblouir par l'éclat de l'or, que l'on peut néanmoins aimer & recevoir de toute main, pour l'utilité qu'on en retire & le repos qu'il procure dans les plus violentes agitations; je

---

(1) L'Auteur du Mefmer bleffé eft un Auguftin.

l'exhorte, ce cher Antoine, à imiter le silence
que j'ai gardé dans tous les temps, même
quand on me calomnioit avec le plus d'acharn-
ement, & de se souvenir que, dans quelque
circonstance qu'il se trouve placé par le hasard,
ou, ce qui revient au même, par la faveur,
il vaut mieux se taire en imbécille, que de ne
parler que pour dire des sottises, comme ont
fait bien des gens qui ont cru m'obliger beaucoup; tandis que leur zèle, dont j'ai découvert
la cause, a produit un effet tout contraire;
de sorte que plus ils publioient de bien de
moi, moins j'en pensois d'eux.

Je l'ai dit & je le répete, j'ai toujours été
fort insensible à tout ce que l'on a dit, écrit
& divulgué pour ou contre mon métier;
je n'avois qu'un but, & seul j'aurois pu
l'atteindre, tandis que ceux qui ont prétendu
m'aider n'ont fait que se secourir eux-mêmes,
en embarrassant mes pas de mille entraves
qu'ils ont couvertes de prétextes officieux,
& m'ont empêché d'avancer, c'est-à-dire,
de faire une fortune que je n'ai pu qu'écha-
fauder, malgré le nombre d'Ouvriers qui s'en
sont mêlés.

Mon établissement eut d'abord l'air de l'Ar-
che de Noé, il a maintenant l'allure de la

Tour de Babel : chacun parle de fon côté ; on dit, on contredit, perfonne ne s'entend, & je crois que le plus fin y perdra fa rhétorique (1). Tel eft le fort des grandes entreprifes, où l'on mêle tant de petits rapports.

Quoique M. Mercier, Auteur du Tableau de Paris, ne foit pas du nombre de mes Eleves, je lui legue, pour avoir parlé de moi, une livre de tabac à fumer, avec ma lorgnette ; & je le prie, s'il en eft encore temps, de ne pas oublier les fieurs Deflon & Bienaimé (2) dans fon Supplément.

Je legue à l'Ingénieur Géographe, Auteur de la nouvelle *Defcription de Paris* (3), en 2 volumes in-12, qu'un de mes Eleves a achetée chez M. Le Jai, rue Neuve-des-Petits-Champs, un Compas magnétifé, pour reconnoître, d'une maniere analogue, l'attention qu'il a eue de

—————————————

(1) Vouloir établir le Temple de l'Harmonie fur l'intérêt ! quelle école !

(2) Le fieur Bienaimé eft un Médecin qui a préfenté le fieur Déflon, & qui a été fa caution ; mais ils fe font retirés enfemble, quand ils ont vu que le baquet ne renfermoit *rien*, & fe font mis à en vendre auffi.

(3) Cet Ouvrage eft le feul dont le Roi de Suede ait agréé la dédicace pendant fon féjour à Paris.

parler de moi parmi les chofes curieufes de fon
fon fecond volume, dont on m'a lu les pages
404, 405 & 406.

Je donne à l'Artifte qui a deffiné mon pro-
fil (qui fe vend 16 f.), toutes mes cravates,
à condition qu'il en mettra une au cou de ceux
dont il fera le portrait.

Si le fieur Curtius fait modeler mon bufte,
je défirerois qu'il fût en cire vierge, & qu'il
me plaçât près du Roi de Pruffe ; cela me
confoleroit du moins de n'avoir pas été affez
riche pour occuper un bel appartement dans le
Palais Royal, qui eft tout ce que jegrette en
France.

Je legue à la petite Marguerite les matelas
qui compofent la falle des Crifes ; tout ce
qu'il y a dans ce lieu de ténebres, lui appartient de préférence à toute autre, & je ne
vois pas pourquoi l'on a dit que ceux &
celles qui s'y renfermoient, étoient indignes de
voir le jour : Marguerite peut les confondre, fi
elle fe fouvient, non pas de ce qu'elle y a vu,
car on n'y voit rien ; mais de ce qu'elle y a
éprouvé ; d'après fon rapport, on pourra s'é-
crier : L'enfant dit vrai. Je lui laiffe, en outre,
tous les pots de fleurs qui ornoient le baquet
des Dames de qualité.

Je legue à Mademoiſelle Paradis mon har-
monica & toute la muſique qui s'y trouvera
renfermée : je lui pardonne le mal qu'elle a
penſé me faire , ſans le ſavoir.

Je legue à mon petit Portier le baquet des
pauvres , dont les fers ſe rouillent faute d'u-
ſage ; je lui laiſſe ſon habit de livrée (1) médi-
cale , avec une année de ſes gages dans chaque
poche , afin qu'il puiſſe ſe retourner , & je le
recommande à mon ami M. Cornemanne , qui
l'a grondé mal à propos , parce qu'il n'a
pas l'honneur d'être Allemand , qu'il n'entend
le mot de l'ordre qu'en françois , & ne diſ-
tingue pas auſſi bien qu'un Suiſſe de Miniſtre ,
celui qui a de l'or , d'avec celui qui n'a pas
le ſou , quoique vêtu de même ; comme ſi
la ſcience & la pénétration du Maître , en
Médecine , ſe communiquoient aux Valets
auſſi promptement que dans les Finances.

Je lui laiſſe auſſi tous les différens ſif-
flets (2) qui lui reſtent , & je ſouhaite que mon

_____

(1) Habit bleu , collet & paremens de velours noir ,
boutonnieres d'argent.

(2) Il y en avoit dans le principe de différens ca-
libres pour annoncer les grands , les moyens & les petits ;
on n'entend plus guere actuellement que ce dernier.

fuccefleur entende le plus gros auffi fouvent &
avec autant de plaifir que moi.

Je legue à Madame Martine, Tourriere de
la falle des crifes, toutes les cendres qui fe
trouveront propres à faire la leffive , dix
livres de favon , un battoir & des broffes,
afin qu'il ne refte pas, s'il eft poffible, la
moindre trace de vapeurs dans le linge dont
la garde lui eft confiée; & pour récompenfer
le zele avec lequel elle a paffé les nuits auprès
d'Antoine, toutes les fois qu'il a pris l'émé-
tique, ou quelque autre médecine; je lui donne
toute la vaiffelle de terre dont je l'ai emmé-
nagée lorfquelle eft venue prendre poffeffion
de fa place de femme de charge; mais je l'engage à ne pas laiffer entrer, à l'avenir, dans la
chambre d'Antoine, les Demoifelles qui ont
des crifes ambulantes, & de ne plus fouffrir
qu'elles fe placent familiérement fur le lit de
ce pauvre garçon qui ne demande que le
repos.

Je legue au boiteux, garçon de la chambre
au traitement, & mon compatriote, toutes les
bouteilles, carafes, corbeilles, gobelets, vins,
liqueurs , confitures , &c., qui fe trouveront
dans le buffet de la premiere falle; j'oblige

C 4

mon fucceffeur à le continuer, & je le prie de ne jamais oublier qu'il eft fon camarade.

Je legue au Sʳ Péché, Infpecteur de la falle des bains magnétiques, toutes les baignoires & uftenfiles, avec deux cents voies d'eau de la Seine, afin de lui faciliter les moyens de continuer le commerce pour fon compte : quoi qu'en dife le fieur Albert, il ne doit point y avoir de droit exclufif fur l'eau qui n'eft pas minérale.

Je legue au fieur Piequin, jadis Chef de Cuifine chez l'un de mes Eleves, & maintenant Receveur des Confignations dans mon antichambre, un exemplaire du Cuifinier François, qu'il a tout le temps d'étudier avant qu'on lui rende fon premier emploi.

Parmi les Dames qui m'ont honoré, alternativement, de leur bienveillance, je ne legue rien à celle de mes Penfionnaires qui a eu la mal-adreffe de faire fiffler *la Brouette du Vinaigrier* par fon Valet, s'il a pris cette Piece pour *les Docteurs Modernes* ; c'eft la faute de la Petite Maîtreffe, qui lui avoit donné fix francs pour s'acquitter de cette commiffion dès qu'on leveroit la toile : le pauvre diable fut mis dehors par la Garde, & revint fort étonné de fe voir vivement grondé d'avoir pris une brouette pour un baquet; il eft vrai qu'il étoit Auvergnac.

Je legue à Madame la Marquife de B. . . un exemplaire de la *Philofophie des Vapeurs ;* ce petit Ouvrage eft à bon droit nommé le Manuel des Epicuriennes, & à Madame la Comteffe de F. . ., jè lui laiffe *le Moralifte Mefmérien* (1), non moins délicatement écrit que le précédent, & dont l'ingénieux Auteur, que je défirerois bien connoître, a dit tout ce que j'aurois dit moi même, fi je pouvois dire quelque chofe : mais comme je fuis borné à *rien*, je m'y tiens & je ne m'en trouve pas mal jufqu'à préfent.

Je connois bien, de nom, tous ceux qui ont eu la complaifance d'écrire fur le Magnétifme, d'après la lifte que l'on vient de me remettre.

Le *Mefmer bleffé*, comme on l'a vu, eft l'effort du génie d'un Pere Auguftin; le *Mefmer juftifié* eft, m'a-t-on dit, fort amufant; c'eft le badinage d'un Abbé qui a penfé

---

(1) Chez Belin, rue S. Jacques.

mourir de peur; le *Magnétifme dévoilé*, l'ouvrage
d'un chirurgien; les *Traces du Magnétifme*, avec
une figure hiéroglyphique en tête, eft de la com-
pofition d'un Valet de chambre Secrétaire ;
l'*Hiftoire du Magnétifme* & la *Traduction de la
Lettre de Figaro*, qui renferment tous mes
fecrets, font d'un jeune étourdi qui feroit
mieux de s'attacher, comme Chirurgien-Mé-
decin, à quelqu'un capable de le contenir, que
de perdre fon temps à faire des brochures
dont il ne retire rien, & à aimer de bonne
foi des gens qui fe moquent de fa franchife
& de fon défintéreffement. C'eft dommage, il
pourroit fe faire un fort, s'il ne croyoit pas
fermement à une chimere dont les enfans
même font revenus. L'*Examen férieux & im-
partial* eft d'un petit Médecin qui a maintenant tout le temps de s'examiner lui-même ;
& comme cet Opufcule, paifiblement écrit, n'a
pas produit tout ce qu'il en efpéroit, grace
à la prévoyance du Libraire, il en a fait un
autre, fous le titre d'*Eclairciffemens*, & l'on
m'a dit que, par ce moyen, il avoit rempli fon
objet : j'en fuis bien aife.

Je ne parle pas de M. Thouret, il eft à la
tête de tout cela, & fon Livre eft un chef-
d'œuvre. Il y en a encore quelques-uns, tels

que les *Aphorifmes*, &c.; fi j'avois eu l'adreffe
de tous ces Meffieurs, j'aurois été leur faire
vifite au jour de l'an, & rire avec eux, fans
rancune, du petit commerce que mon nom
feul les a mis à même de faire; je fouhaite
pour eux & pour moi qu'il dure encore long-
temps.

Je ne legue point d'argent, c'eft affez de
celui que j'ai diftribué pendant ma vie; &
mon intention eft que ce que l'on trouvera
en deniers, lors de mon décès, foit remis à
ma famille, à qui il appartient de droit, ainfi
que toutes les rentes dont les fonds font dé-
pofés en Hollande, où mon deffein a toujours
été de me retirer.

Si je puis exécuter un jour le projet d'aller
à Londres, en cas que j'y décede, le préfent
aura également fon entiere exécution, s'il
n'eft annullé par un poftérieur; & fi M. Lin-
guet & le Rédacteur du Courrier de l'Europe
m'y laiffent en repos quelque temps, c'eft-à-
dire, fi l'un ne s'occupe qu'à fes Annales, &
l'autre à fa feuille en quatre pages, je ferai
en état d'aller de là en Italie, & de revenir
par Paris, mourir à Roterdam, où je ferai
pour lors un fupplément au préfent acte, qui

commence à me fatiguer un peu; & tous mes vœux feront remplis.

Maintenant que j'ai l'efprit dégagé du poids des obligations (1), je puis me livrer à quelques réflexions qui ne me font pas étrangeres.

J'obferve d'abord que dans le nombre infini de ceux & de celles qui ont dit, écrit & produit pour ou contre moi, plufieurs ne m'ont jamais vu, ne m'ont jamais entendu ; d'où l'on voit quelle croyance méritent leurs récits : comment m'auroient-ils vu? Je ne fors prefque point, fi ce n'eft depuis que je n'ai plus rien à faire. Comment m'auroient-ils entendu? Je n'ai rien dit. Quant aux écrits, je crois avoir fuffifamment défabufé tous ceux qui m'en ont cru capable, en indiquant la plume qui a fait ma réputation. Je fais qu'en cela je reffemble à bien des hommes qu'on a juf-

_____

(1) Excepté envers le défunt Court de Géblin ; mais il paroît que le Teftateur fe réferve de lui témoigner fa reconnoiffance de vive voix. Quelle attention ! envoyer des Eleves jufque dans l'autre monde, pour y difpofer les efprits ! nous n'avons pas d'exemple d'une telle prévoyance.

tement comparés à l'aiguille d'or d'une montre qu'une roue de cuivre fait mouvoir , & c'est toujours quelque chose qu'une aiguille d'or.

Je n'ai jamais eu de goût pour les Ouvrages d'esprit , & j'ai de bonnes raisons pour cela ; la première , c'est que je vois tant de sots manger le pain des gens instruits ; la seconde , c'est que l'esprit est une marchandise qui ruine son Marchand ; & la troisieme , c'est que tout ce qui exige une application soutenue , me rend malade , & pour me bien porter je ne m'applique à *rien*, si ce n'est à quelques petits calculs vers la fin des mois : il se mêle toujours à ce travail des idées satisfaisantes , quand on les fait pour soi-même ; car je conçois toute l'amertume du *sic vos non vobis* de tant de petits Commis qui se cassent la tête pendant toute une année pour 1000 l. Eh ! ne vaut-il pas mieux imiter paisiblement l'aiguille d'or ? Je ne crois pas cependant que ceux qui m'ont servi de roue de cuivre puissent s'appliquer le *sic vos non vobis*, que je ne peux pas rendre en françois.

J'ai commencé par les riches , en cela j'ai suivi de bons conseils ; je finirai par les pauvres (& Figaro l'a prédit) : si j'avois marché différemment, les pauvres auroient inftruit les riches à tous prix, & je ferois aujourd'hui tout au plus, le prête-nom d'une adjudication dont je fuis encore le Bailleur.

On a volé une partie des leçons que deux ou trois de mes Eleves avoient eu toutes les peines du monde à compofer, pour dicter le devoir en claffe ; on a intitulé ce larcin d'Eco-liers, de ces mots : *Aphorifmes de Mefmer* ; comme fi je favois ce que c'eft qu'aphorifme. C'eft une querelle d'Etudians, & comme je n'étudie point, entre eux le débat : je me fuis borné à raffembler mes deniers épars ; quand j'y ferai parvenu, je partirai pour Londres, où je tâcherai de mettre le beau monde en train, comme j'ai fait à Paris, & puis je les laifferai s'arranger à l'amiable.

Je crois devoir prévenir les Curés, les Mar-guilliers, & les Barbiers de village, que s'ils s'attendent à m'ouïr prêcher la nouvelle doc-trine, ils font dans l'erreur (1) ; ils trouveront des Vicaires à qui j'ai laiffé le foin pénible d'inftruire tous ceux qui défireront l'être.

---

(1) Et le Public, qui, d'après tant de promeffes, croyoit voir enfin paroître un Cathéchifme nouveau, que va-t-il dire de cette maniere de tenir fa parole?

Comme toutes chofes méritent falaire, & que perfonne aujourd'hui ne fait rien *pro Deo*, chacun payera en raifon de fon impofition à la taille : ainfi, aucun Afpirant ne fe préfentera fans un extrait du rôle de fa paroiffe, certifié du Subdélégué, pour la forme feulement, & pour le fond il payera, en confcience, ce qu'on lui demandera, dont quittance lui fera délivrée par un Receveur canonique, c'eft-à-dire, un Invalide que je nourris *ad hoc.*

J'exhorte fort mes Eleves, grands, moyens, & petits, à vivre en bonne intelligence, & à ne jamais difputer entre eux, comme ils font tous les jours, fans s'appercevoir que les valets qui les écoutent, vont enfuite publier leurs argumens dans tous les cabarets ; je les invite à faire affiduement leur cour au Caiffier, afin qu'en cas de befoin il leur prête de l'argent fans intérêt, fi cela eft poffible.

Je ne finirai point ceci, fans remercier M. Servan, autrefois Avocat général au Parlement de Grenoble, de la peine qu'il s'eft donnée à faire un Livre en ma faveur, pour le vendre à fon profit. On m'a dit que j'étois caufe que cet Ouvrage, intitulé *Doutes d'un Provincial*, avoit eu pour un moment plus de fuccès que les Réflexions du même Auteur fur les *Confeffions* de J. J. Rouffeau. Je fuis fort aife que M. Servan ait faifi l'occafion de fe dédommager, & je lui fais mon compliment, non pas de fon éloquence, car je ne m'y connois pas, mais de fon débit prompt & lucratif, auquel je ferois encore plus flatté d'avoir eu quelque part, qu'aux éloges douteux qu'il me prodigue. .

Mais on ne voit pas clairement la raifon qui l'a porté à dire (au Public) qu'il n'eft ni Médecin ni Mefmérien; il devoit dire, ce me femble, je n'ai pas payé pour être Médecin, mais je fuis Mefmérien, fans avoir payé; cela eût été plus vrai; car il doit fe fouvenir qu'au mois de Mai 1784, il m'écrivit de fon château de Rouffan, une belle lettre que je n'ai pas lue tout entiere, & que depuis ce temps il a dû fe faire initier à Lyon, fi je ne me trompe. Tout ce que je puis affurer, c'eft que j'aimerois mieux vingt-cinq louis bien certains, qu'un recueil de doutes fur ce qu'on a fait, ce qu'on n'a pas fait, ce qu'on auroit dû faire, &c. &c. Je n'en fuis pas moins reconnoiffant; & pour gage de ma gratitude, je lui laiffe ma Bibliotheque, dans laquelle il n'y a pas encore de livres, parce qu'ils font trop

chers

chers à Paris quand ils faut les acheter, &
qu'ils ne valent rien quand on les revend (1);
fpéculation qui n'a paru fauffe.

Je nomme & inftitue (fi je decede à Paris)
pour Exécuteur teftamentaire, la perfonne
du *Mefmer*, c'eft-à-dire, du *Bedeau* de S. Euf-
tache, en exercice lors de mon décès, & pour
la peine inféparable de tant de détails, il
gardera tous les objets que les héritiers récu-
feront, foit par trifteffe ou par méconten-
tement.

Si je decede à Londres, je prie le Rédacteur du Courrier de l'Europe de l'annoncer
dans fa Feuille, afin que l'Exécuteur que j'inftitue puiffe fe mettre en regle.

Si c'eft en Italie que je dois finir mes jours,
je me recommande au Courrier d'Avignon.

Ceux & celles qui affifteront à la lecture de
ce Teftament ne m'accuferont point d'avoir
facrifié la vérité au clinquant; je n'écris que
pour mes héritiers, & jamais ceux à qui l'on

---

(1) La différence qu'il y a entre l'argenterie & les
livres, c'eft qu'on perd la façon de l'une à la revente,
& que fans l'ornement, c'eft-à-dire la reliure & les
eftampes, on auroit peine à revendre l'autre, parce qu'il
n'y a point de tarif pour la morale.

D

donne n'ont épilogué les mots ; ce qui n'appartient qu'aux gens désœuvrés qui n'ont rien à compter, & mettent du matin au soir leur esprit à la torture pour satisfaire les besoins imaginaires d'un corps dépravé.

Dieu leur fasse paix ainsi qu'à moi ; j'attend avec résignation le sort qui m'est destiné ; je pardonne à mes ennemis, comme je remercie de bon cœur tous ceux & celles qui m'ont fait du bien pour *rien* (1).

---

(1) Une des particularités de ce Testament est qu'il commence par *rien* & finit par *rien*. Qu'on vienne encore nous dire que de *rien* on ne fait rien. Si M. Mesmer n'est pas l'inventeur du Magnétisme, il a du moins la gloire d'avoir trouvé la seule enveloppe que lui aient laissée ses prédécesseurs de riche mémoire. MM. Aillhaud pere & fils ont enfermé le fluide dans des Poudres, le célebre Arnould dans des Sachets, Godernaux dans le Mercure préparé, le Docteur Banau dans l'écorce d'orme pyramidal, Lyonnet au bout d'un fouet : que restoit-il au Docteur Mesmer ? Rien. Eh bien, avec ce rien il a mis en mouvement la Capitale & la Province ; &, grace à ses coopérateurs, cet homme de génie, qui ne se doute de rien, qui est venu avec rien, qui ne dit rien, qui ne tient à rien, peut dire en partant, aux envieux de sa fortune : Eh ! mes amis, pourquoi faire tant de bruit pour *rien* ?

F I N.

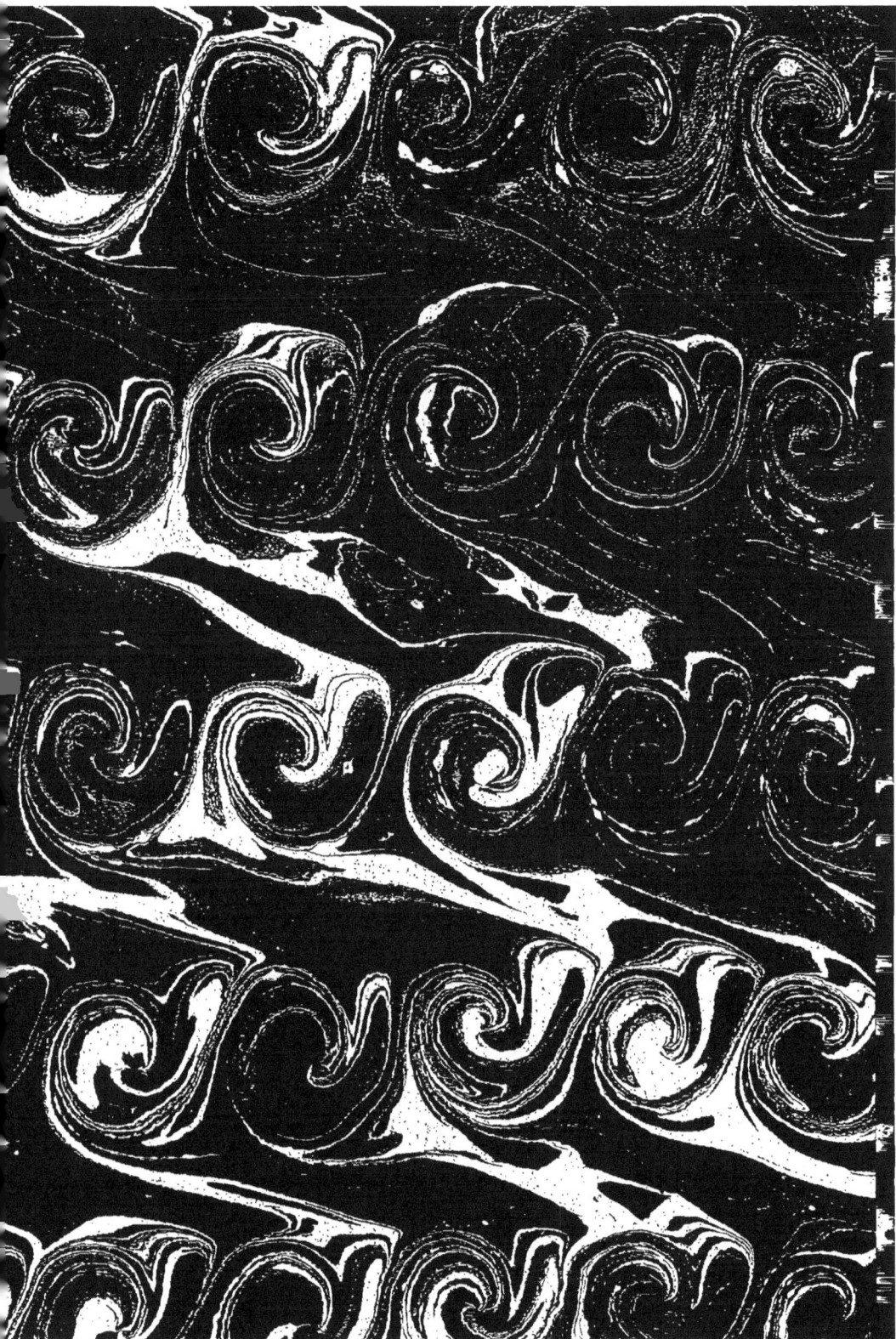

www.ingramcontent.com/pod-product-compliance
Lightning Source LLC
Chambersburg PA
CBHW032309210326
41520CB00047B/2375